Lieferung 16 Preis 1 Mark

Gesamtpreis des Werkes gebunden 25 Mark

DIE ZEICHENKUNST

METHODISCHE DARSTELLUNG DES GESAMTEN ZEICHENWESENS

UNTER MITWIRKUNG
VON
A. ANDĚL, LUDWIG HANS FISCHER, M. FÜRST, O. HUPP, A. KULL, KONRAD LANGE, A. MICHOLITSCH, ADOLF MÖLLER, PAUL NAUMANN, F. REISS, A. v. SAINT-GEORGE, KARL STATSMANN, R. TRUNK, J. VONDERLINN UND HERMANN WIRTH

HERAUSGEGEBEN
VON

KARL KIMMICH

ZWEITE
VERBESSERTE UND VERMEHRTE AUFLAGE

MIT 1157 ABBILDUNGEN IM TEXT
UND 60 TAFELN IN FARBEN- UND LICHTDRUCK

23 LIEFERUNGEN à 1 MARK UND 2 EINBANDDECKEN à 1 MARK
KOMPLETT IN 2 ORIGINALLEINENBÄNDEN 25 MARK

LEIPZIG
G. J. GÖSCHEN'SCHE VERLAGSHANDLUNG

Einzelne Lieferungen werden nicht abgegeben
Die Abnahme von Lieferung 1 verpflichtet zum Bezug des ganzen Werkes

diges gegen die Umgebung hervor, als auch ihre selbständige Erscheinung gegeneinander. Soll also eine Borde vom Fond sich abheben und das Ganze als abgeschlossene Fläche möglichst zur Geltung kommen, dann muß sich die Borde entweder hell von einem dunklen Fond oder dunkel von einem hellen Fond trennen (Fig. 853).

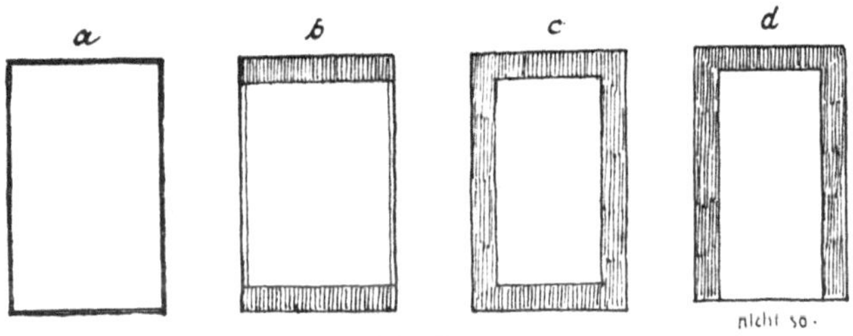

Fig. 852.

Die Beachtung dieses einfachen Grundsatzes ist überaus notwendig. Man wundert sich im andern Falle häufig, wenn bei einer reichen ornamentalen Behandlung eine dekorative Wirkung trotz der größten aufgewandten Mühe nicht zustande kommt. — Füllung und Rahmen sind ebensosehr wie Kasten und

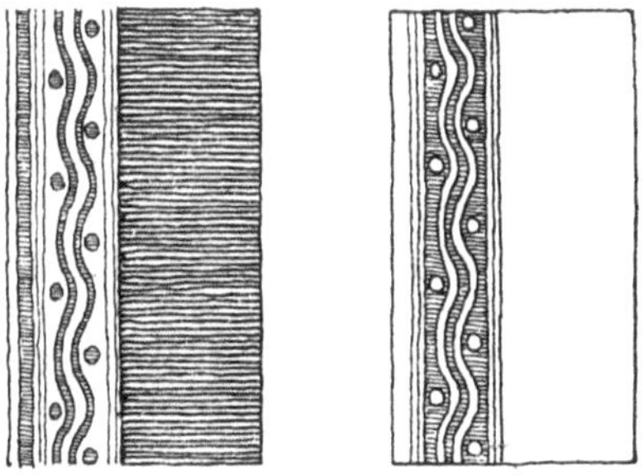

Fig. 853.

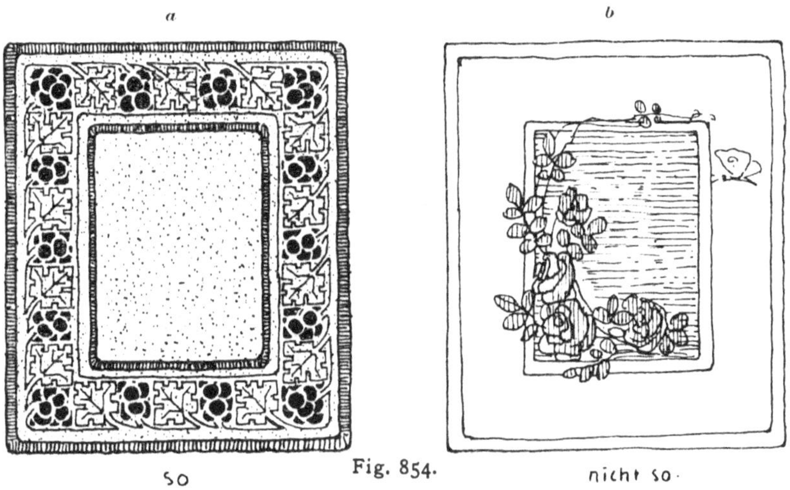

Fig. 854.

Deckel zwei grundverschiedene konstruktive Bestandteile, die stets getrennt bleiben müssen und eine gemeinschaftliche ornamentale Behandlung oder ein unklares Verwischen ihrer Trennung nie zulassen (Fig. 854a).

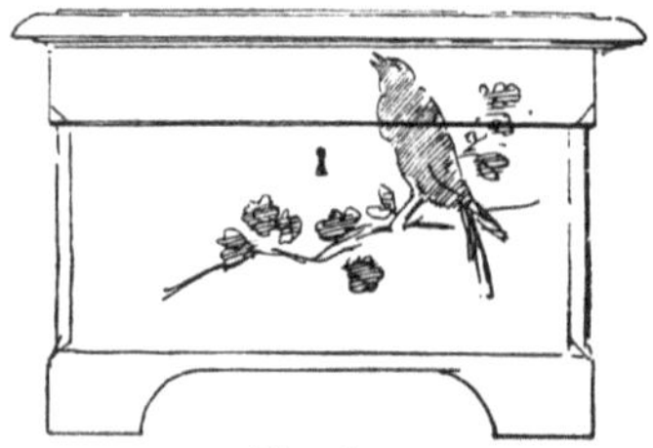

Fig. 855.

Gleichgrobe Verstöße gegen die Konstruktion sind daher sowohl eine Ornamentation wie in Figur 855, als auch das Überwachsen des Füllungsornaments über den Rahmen hinweg (Fig. 854 b).

Ebensosehr gegen das konstruktive Gefühl gehen sowohl die besonders im Jugendstil entstandenen Bilderrahmen (als plastischer in das Bild hineinragender Vordergrund, vgl. Fig. 865), als auch das Überwachsen des gleichen Ornaments, beispielsweise über Tellerfläche und Tellerrand (Fig. 856 und 857).

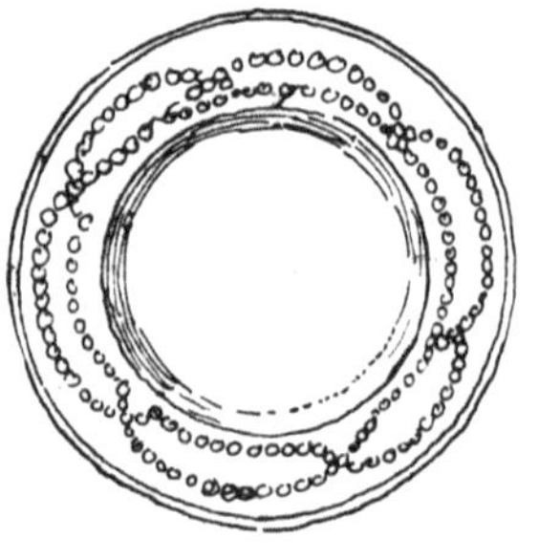

so.
Fig. 856.

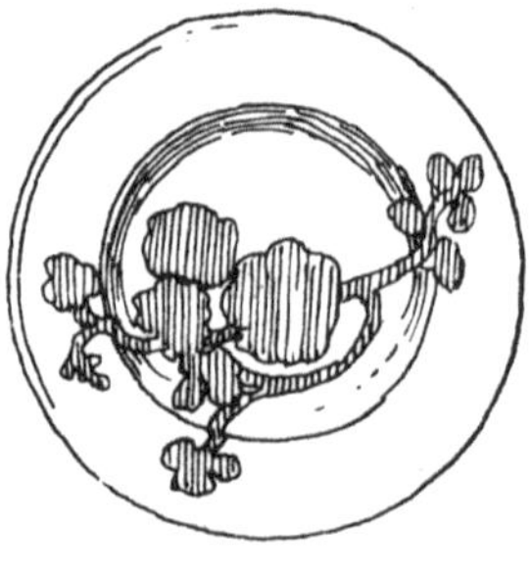

nicht so.
Fig. 857.

B. Die Füllung.

Die Fläche selbst (Füllung, Fond), durch den Rahmen oder das Band als solche kenntlich gemacht, muß auch in ihrer ornamentalen Behandlung den Charakter des in sich abgeschlossenen Ganzen tragen.

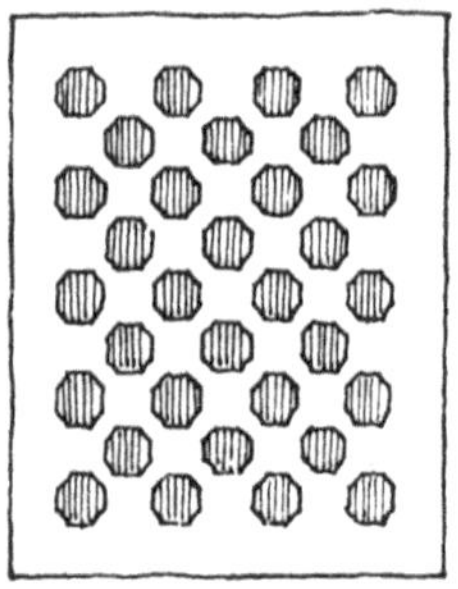

so
Fig. 858.

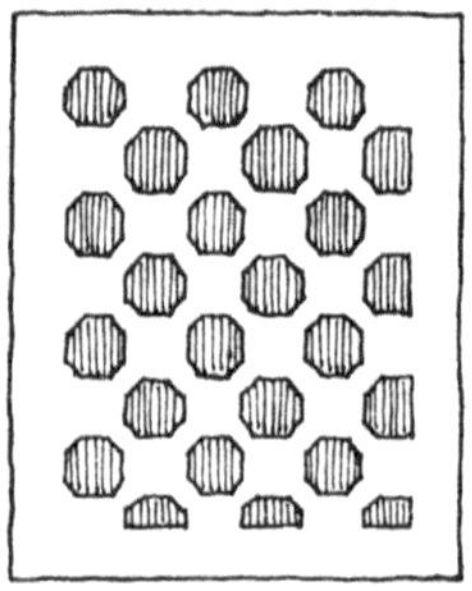

nicht so.
Fig. 859.

Dies kann durch verschiedene Lösungen möglich gemacht werden.

Voraussetzung für alle Lösungen ist ein richtiges proportioniertes Größenverhältnis der einzelnen ornamentalen Formen gegenüber dem Ganzen, dem die Fläche als Teil anhaftet. Hierüber entscheidet natürlich nur das Raumgefühl.

1. Durch regelmäßige lose Flächenmusterung (Fig. 858). Die Aufteilung des Musters muß mit den Höhen- und Breitenmaßen der Fläche auskommen und darf keine regellos abgeschnittenen Teilformen zeigen (Fig. 859).

2. Durch eine zusammenhängende symmetrische Behandlung der ganzen Fläche [a) Zentrallösung, b) Ecklösung, Fig. 860 und 861].

3. Durch eine freie unsymmetrische Behandlung der ganzen Fläche.

Ein feines Raumgefühl ist dabei Voraussetzung.

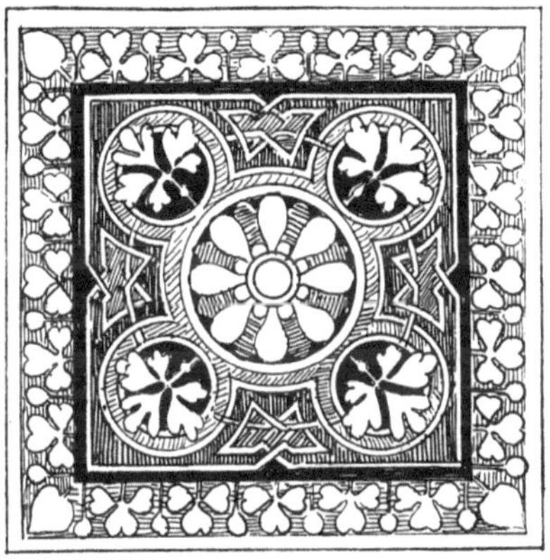

Fig. 860.

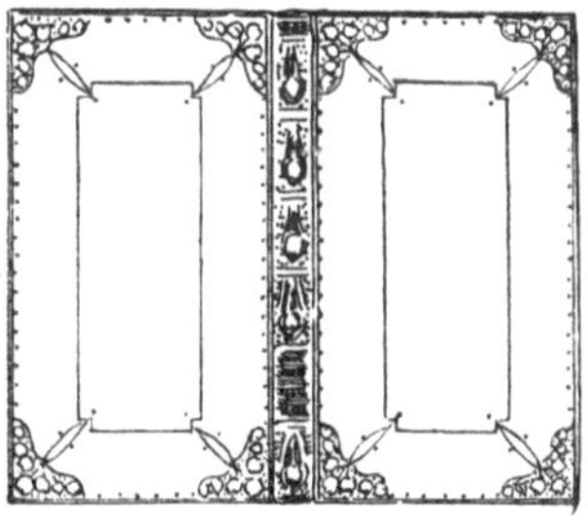

Fig. 861.

Der Körper des Ornaments muß sich der Fläche nach dem Rande zu als geschlossenes Ganzes eurhythmisch anpassen, der Hintergrund darf keine fühlbaren Lücken aufweisen (Fig. 862 u. 863). Auch das Blatt des

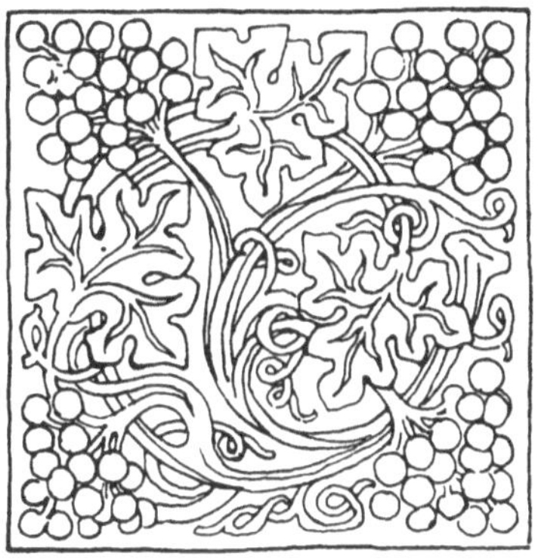

so

Fig. 862.

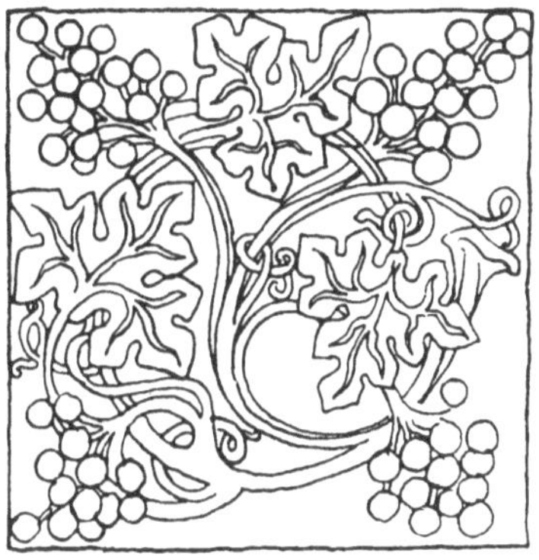

nicht so.

Fig. 863.

japanischen Bilderbuchs (Tafel XXXVIII) und Figur 864 wirken in diesem Sinne als dem Raum vorzüglich angepaßte eurhythmische Formen.

Eine Anordnung wie in Figur 865 dagegen ist vollständig unkonstruktiv. Sie füllt den Raum nicht aus und zerreißt die Fläche.

Ähnliche schwere Verstöße gegen Konstruktion und Raumgefühl bilden an Dilettantenarbeiten fast die Regel. Das feinste dekorative Raumgefühl wird vorausgesetzt, wenn die Fläche nur teilweisen oder dominierenden Schmuck erhalten soll. Alsdann ist eine bis ins genaueste gehende Anordnung notwendig. Je aparter der kleinste Fleck

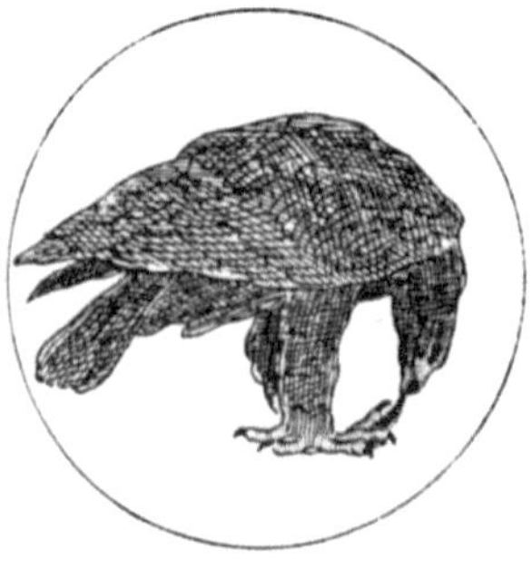

Fig. 864.

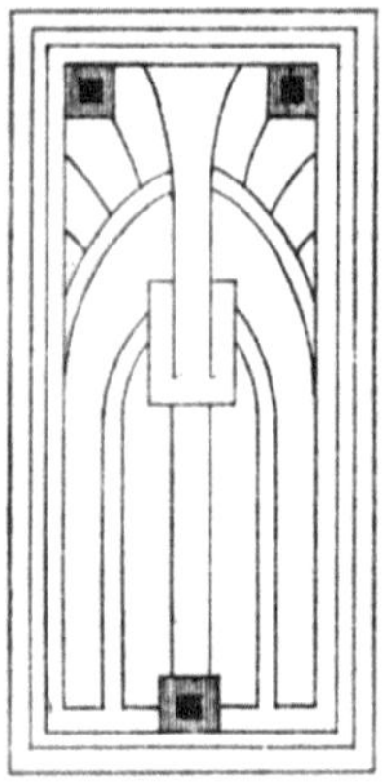

Fig. 866.

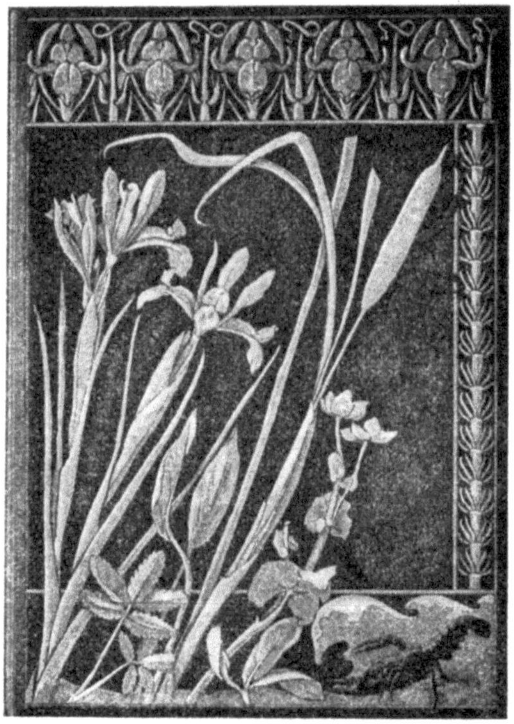

Fig. 865.

sitzen soll, um so feiner muß seine Größe und Farbe und seine Raumanordnung erwogen werden. (Denke an einen kostbaren Schmuck.) (Vgl. Fig. 866, 850.)

Verlangt die Fläche also immer eine selbständige Lösung und duldet sie keine unvollständigen ornamentalen Teilformen, so scheint sie auch nur von dieser Regel abzuweichen, nämlich wenn die Fläche selber als Teil einer größeren Fläche aufgefaßt wird und die ornamentalen

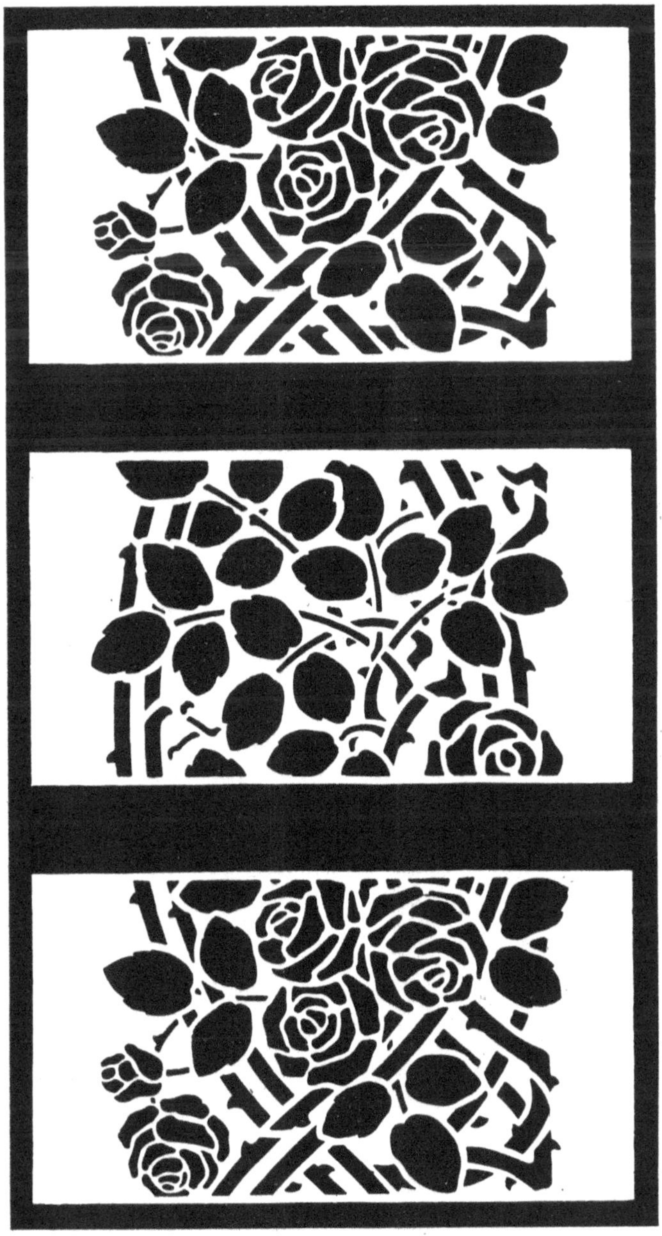

Fig. 867.

Formen alsdann — NB. immer in scharfer Trennung vom Rahmen! — als unvollständige Teilformen über sie hinweggehen.

Das Zusammenfassen konstruktiv gleicher Flächenteile bringt alsdann in das Ganze oft eine größere dekorative Wirkung als eine Einzelbehandlung der Flächen. (Fig. 867.)

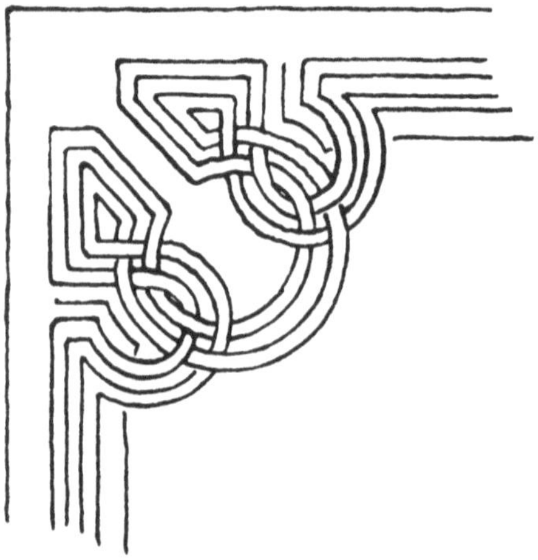

Fig. 868.

C. Die konstruktive Befestigung.

Die Befestigung einzelner konstruktiver Teile untereinander geschieht an Gebrauchsgegenständen durch eine besondere Befestigungsweise.

Eine Tür, ein Deckel wird durch besondere Glieder, Scharniere, oder besondere Beschläge mit dem Rahmen resp. Kasten befestigt (vgl. Fig. 851), Backsteinmauerwerk wird durch verschiedenes Aufschichten und Fugen untereinander verbunden. Andere Arten einer Befestigung sind: das Zusammenhalten durch Spangen, das Umwickeln, Riemen, Flechten, Verknoten, Zusammennähen, Aufnageln usw.

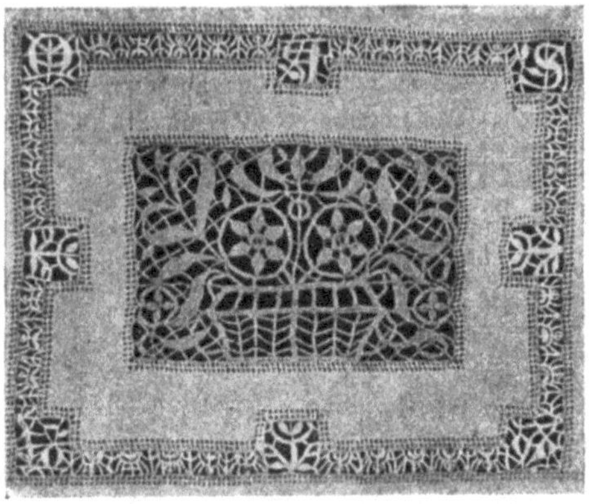

Fig. 869.

Wie diese Arten der Befestigung deutlich sichtbar gemacht sind und ein sicheres konstruktives Verbinden tatsächlich herbeiführen, so sind es ähnliche Formen im Ornament, die durch ihr deutliches Hervortreten das Gefühl eines konstruktiven Gefüges aufkommen lassen. Rahmen und Füllung werden durch Leisten (Linien) sicher zusammengefügt, Fond und Borde durch aufgenähte Bänder fest zusammengehalten.

So wirkt auch das ornamentale Verknoten, Verschlingen (Fig. 868), das Verdichten der Formen an den Eckpunkten oder das rhythmische

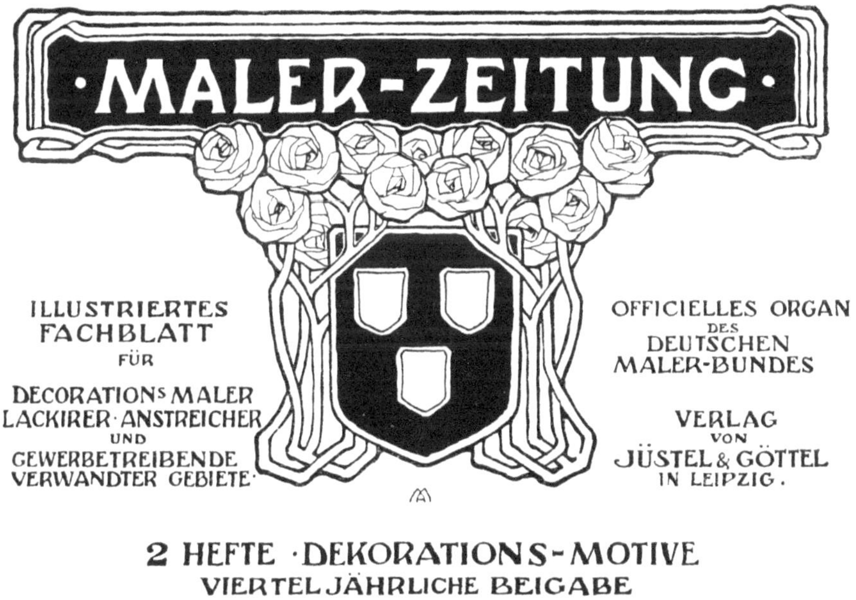

Fig. 870.

Einsetzen einer größeren Form (ähnlich wie an den Knoten des Halms oder dem Anstiften durch Nägel) für das Auge nicht allein als Ruhepunkt oder dekorative Abwechslung, sondern es erhöht auch das Gefühl eines konstruktiv gefestigten Aufbaus (Fig. 869 und 870).

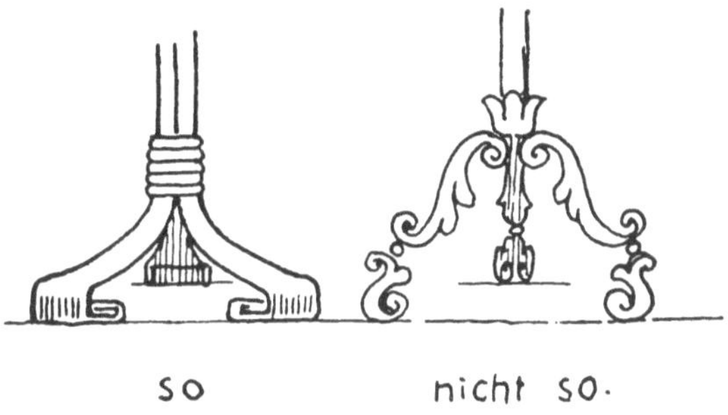

Fig. 871.

Ist es daher an Gebrauchsgegenständen vollständig unkonstruktiv, solche Punkte, die eine Festigkeit ganz besonders voraussetzen, durch ein loses Aneinanderbilden oder technisch unsolides Zusammenfügen widerstandslos und tatsächlich schwächlich zu gestalten (vgl Fig. 871, 872, 873), so setzt das konstruktive

Gefühl auch beim ornamentalen Aufbau eine Berücksichtigung dieser hier nur scheinbaren Wirkung voraus.

Und im allgemeinen: Je mehr eine Festigkeit in dem Formengefüge tatsächlich oder scheinbar vorausgesetzt werden soll, um so sichtbarer muß dies auch in dem konstruktiven Aufbau hervortreten. (Vergleiche verschiedenes Mauerwerk und die Art des Fugens.)

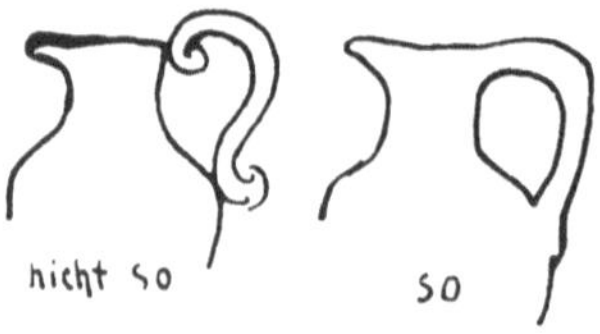

Fig. 872.

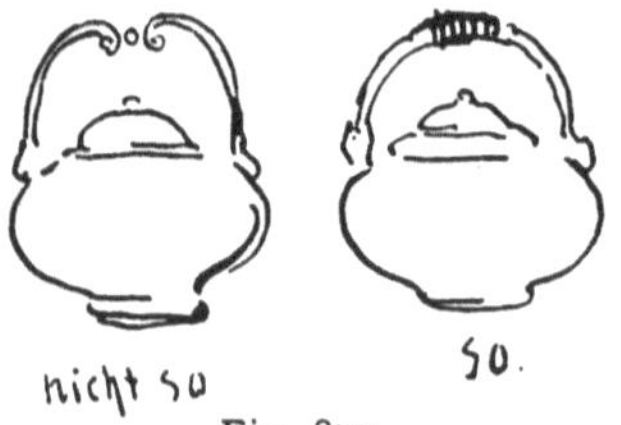

Fig. 873.

Umgekehrt wird natürlich das Hervortreten einer starken Konstruktion bei einem ornamentalen Aufbau, der ganz leicht erscheinen soll, gerne den Eindruck des Schwerfälligen hervorrufen.

Die Befestigungsart muß deshalb auch sichtbar immer in einem natürlichen Verhältnis bleiben zum Ganzen, und es muß einem das na-

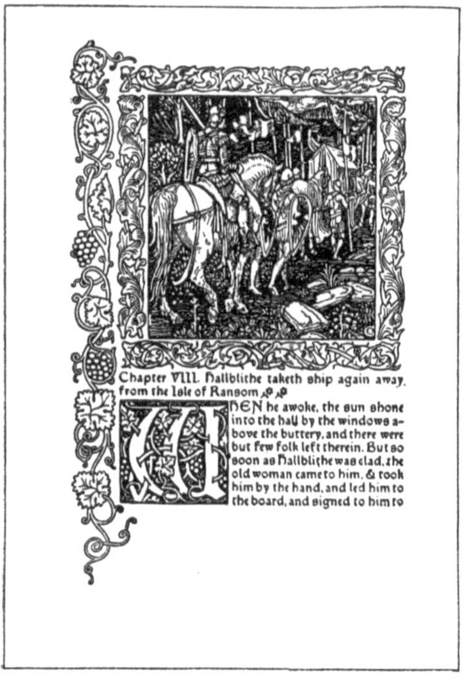

Chapter VIII. Hallblithe taketh ship again away. from the Isle of Ransom.

WHEN he awoke, the sun shone into the hall by the windows above the buttery, and there were but few folk left therein. But so soon as Hallblithe was clad, the old woman came to him, & took him by the hand, and led him to the board, and signed to him to

Fig. 874.

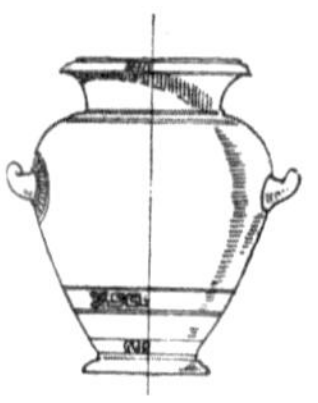

Fig. 875.

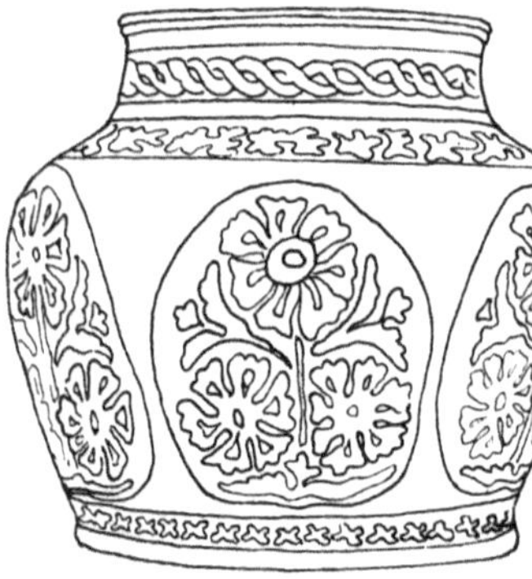

Fig. 876.

türliche Gefühl sagen, wie weit im sichtbaren Hervortreten oder Herausfühlen der Konstruktion ein Unterschied besteht: im Aufbau der Architektur, des Mobiliars, eines Gebrauchsgegenstandes oder in der leichten ornamentalen, konstruktiven Behandlung, beispielsweise eines Buchschmucks, einer Stickerei usw. (vgl. Fig. 874).

Vergleiche auch die verschieden stärkere oder leichtere, aber nie unkonstruktive Behandlung an Tongefäßen (Fig. 875—878).

D. Die Richtung der Ornamente.

Die Lage sowohl wie die Richtung der ornamentalen Formen wird an Gebrauchsgegenständen bedingt durch den konstruktiven Aufbau und die struktive Bestimmung seiner einzelnen Teile.

Beispiel: Die am Fuße des Gefäßes (Fig. 877) nach unten gerichteten und sich ausbreitenden Blattformen, die nach oben gerichteten, den Gefäßbauch auffangenden Hohlstreifen, desgleichen die sich ausbreitende neutrale Richtung des Ornaments am Gefäßbauch selbst machen sowohl die konstruktive Gliederung deutlich, wie sie zugleich die struktive Bestimmung dieser einzelnen Glieder veranschaulichen.

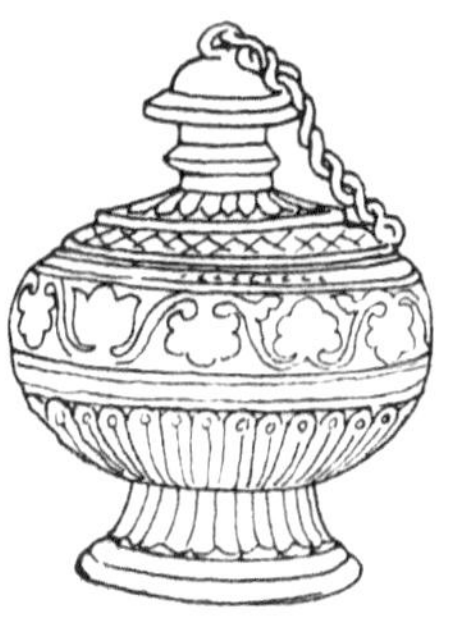
Fig. 877.

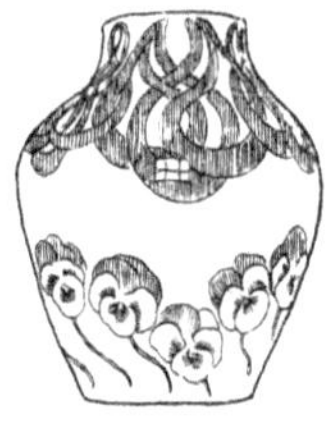
Fig. 878.

An der Fläche wird die Richtung der Ornamente bedingt durch die Lage der Fläche als senkrechte oder wagerechte.

Von dem unentschiedenen Richtungsornament, dem richtungslosen geometrischen Flächenmuster abgesehen, welches fast auf jeder Fläche Anwendung finden kann (Fig. 879), zeigt zunächst die senkrechte Fläche eine Entwicklung entweder von unten nach oben (Wand), oder von oben nach unten (herabhängender Vorhang). Dieser Hauptunterschied von Wand und Vorhang wird zum größten Teil ausgedrückt durch die Lage des reicheren Bordenabschlusses: die Wand zeigt ihn oben (Wandfries, Fig. 880), der schwer herabhängende Vorhang unten (Saum, Fig. 881). Im übrigen kann die Richtung des Musters je nach der struktiven Auffassung eine aufwärts- oder abwärtsgerichtete sein. Nur dürfen die Formen nicht den Eindruck des Auf-dem-Kopf-stehens machen. Blütenartige, aufwachsende Gebilde werden mit dem Kopf nach oben gerichtet sein, tropfenartige oder sichtbar abwärts gestreute können die größere Schwere unten zeigen.

Verkehrt dagegen, weil im Widerspruch mit dem Eindruck der Gesamterscheinung, würde eine ornamentale Behandlung dieser Flächen wirken in ausschließlich wagerechter Richtung. Und ebensosehr wie eine wagerecht gestreifte Wand — auch weil sie sich in Widerspruch stellt mit den vor ihr stehenden Personen — uns stillos erscheint, kann unter Umständen auch die wagerechte Teilung eines Kleides die Erscheinung der menschlichen Figur ungünstig beeinflussen.

Auch die sich seitlich ausdehnenden Flächenteile der Wand (Wandfriese) werden zur Hauptsache ihre Formen in senkrechter Lage erscheinen lassen, und auch ihre seitliche Bewegung nach rechts oder links wird — zur Erzielung eines senkrechten, ruhigen Eindrucks nicht zu sehr bewegt erscheinen dürfen (vgl. Fig. 744).

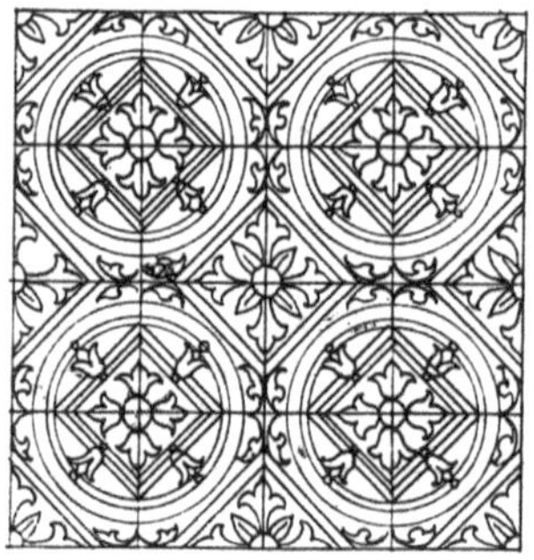

Fig. 879.

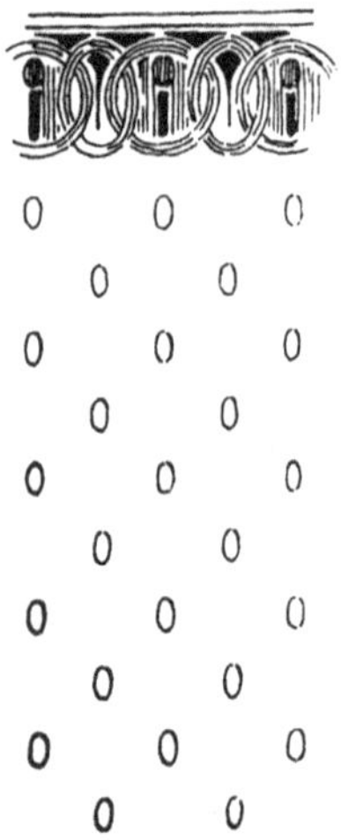

Fig. 880.

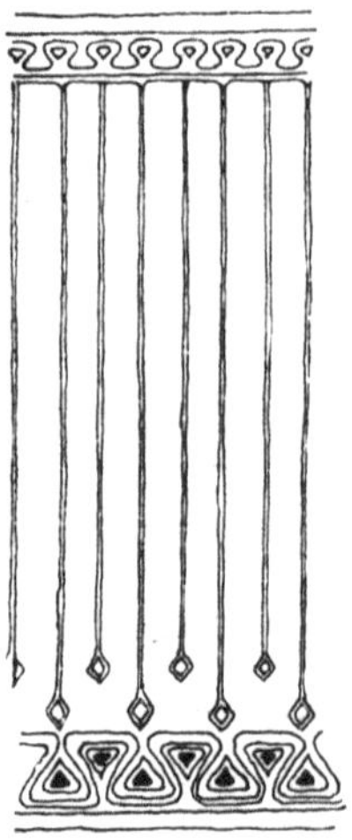

Fig. 881.

Bei der horizontalen Fläche, sowohl unter dem Auge (Fußteppich) als über dem Auge (Plafond), gilt als Grundsatz: keine ornamentalen Motive, die man gewohnt ist, nur in senkrechter Lage zu betrachten (z. B. aufrechtstehende Figuren oder herabhängende Girlanden). Die Gewölbe- und Kuppeldecken gehören in diesem Fall mehr zu den senkrechten Wandflächen, Plafondgemälde zu den künstlerisch freien, aber gewagten Experimenten.

Als natürlichste Motive — falls naturalistische in Betracht kommen — ergeben sich daher für die ornamentale Behandlung des Fußteppichs: alles, was man gewohnt ist, von oben nach unten zu betrachten (geblümte Wiese), und umgekehrt für den Plafond: alles, was man auch in der Natur von unten nach oben betrachtet (überhängendes Laub, Sterne usw.).

Jedenfalls wird man durch abstrakte Formen und konstruktive Lösungen etwaigen Schwierigkeiten am sichersten aus dem Wege gehen (persische Teppiche).

Im allgemeinen entscheidet für die Richtung des Ornaments das natürliche oder richtig angeleitete Empfinden. So z. B. wird das konstruktive Gefühl bei dem Nebeneinanderlaufen verschiedener Borden und Bänder, sowohl um den Eindruck einer festen Verbindung als auch einer dekorativen Abwechslung zu erreichen, die Anwendung konträrer oder neutraler Ornamentrichtungen für nötig halten.

Bei herumlaufenden Borden und Saumeinfassungen bieten die Ecklösungen besondere Schwierigkeiten, ganz besonders, wenn das Ornament ein fortlaufendes ist (vgl. Fig. 882).

Eine sehr geschickte Ecklösung bietet die Teppichborde Figur 854a.

Schließlich sei noch darauf aufmerksam gemacht, daß jede Fläche durch ihre Lage während des praktischen Gebrauchs die Richtung und Lage des Ornaments bestimmt.

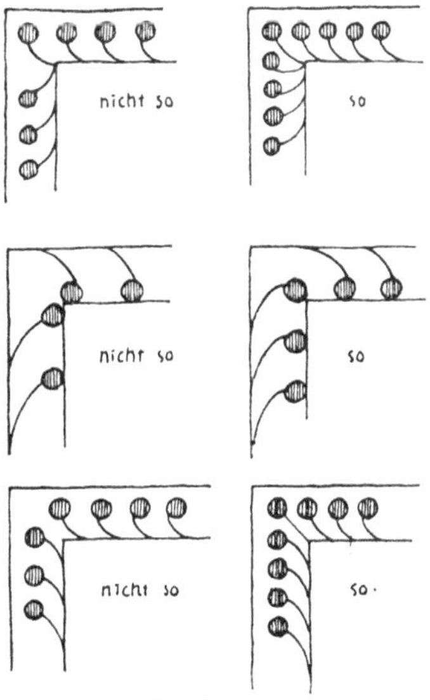

Fig. 882.

Beispiel: Ein Buchumschlag läßt den praktischen Gebrauch des Buches durch einen am Kopfende angebrachten Schmuck klarer erkennen, als beispielsweise durch ein richtungsloses Füllornament (vgl. den Buchrücken Fig. 748 und 850). Das Ornament einer Teebrettdecke (Fig. 883) nimmt Rücksicht auf die Stellung der Tassen.

Für ein Rückenkissen, das während seines Gebrauchs eine veränderte Lage einnimmt, empfiehlt sich beispielsweise ein Ornament mit möglichst neutraler Richtung usw.

In diesem Sinne bieten die Ornamentlösungen der herumlaufenden Flächen an zylindrischen Körpern, Faltenbildungen usw. ganz besondere Beachtung.

Die perspektivischen Verkürzungen und Überschneidungen

der Formen empfehlen durchaus eine Bestimmung des Ornaments an der Form selbst.

Ich muß hier auf eine Unvollkommenheit im ornamentalen Schulzeichnen aufmerksam machen und ausdrücklich daran erinnern, daß das Ornament „angewandte Kunst" ist. Die auf dem Reißbrett vollendetste Schulzeichnung ist nur allzu häufig für die Anwendung unbrauchbar, und der ganze auswendig gelernte Formenschatz oder das bequem scheinende Benutzen von Vorlagen ist null und nichtig, wenn die Formen nicht den vorliegenden besonderen Verhältnissen angepaßt werden.

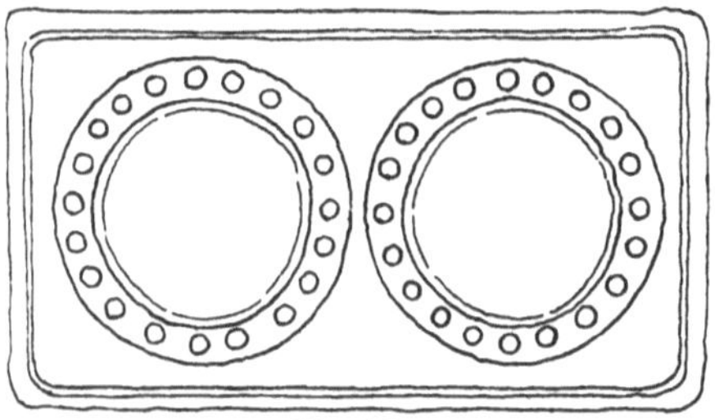

Fig. 883.

Unsere Vorfahren bestimmten ihre Ornamente an Ort und Stelle; das habe ich bei Gelegenheit einer Kirchenausschmückung erfahren müssen. Die auf den abgewickelten Flächen proportioniert gezeichneten Ornamentformen ergaben, an Ort und Stelle angepaßt, ein ganz ungünstiges Bild, so daß ich in Formenproportion gänzlich umlernen mußte.

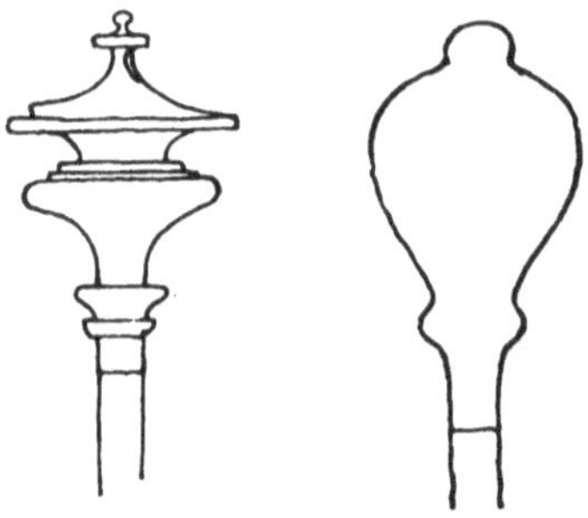

Fig. 884.

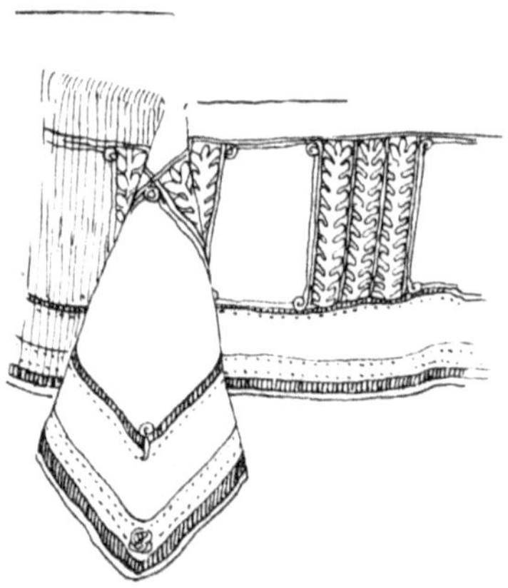

Fig. 885.

Ein ähnliches Beispiel aus der Praxis gibt Figur 884. Die Form des Fahnenknopfes a, nach dem Renaissanceschema hergestellt, mußte, um seine vergoldete Erscheinung an Ort und Stelle vorteilhaft und proportioniert zur Geltung zu bringen, in die Form b umgewandelt werden.

Die Tischtuchborde (Fig. 885) berücksichtigt in diesem Sinne die Eckfalten, die bei einem gleichmäßig durchgehenden Ornament ungünstige Überschneidungen zeigen würden.

3. Das ästhetische Gefühl.

Wird an Gebrauchsgegenständen die mehr oder weniger reichere Ausbildung der Formen in erster Linie geregelt durch den Zweck, so gibt es auch für die reichere Behandlung der Fläche, selbst da, wo sie

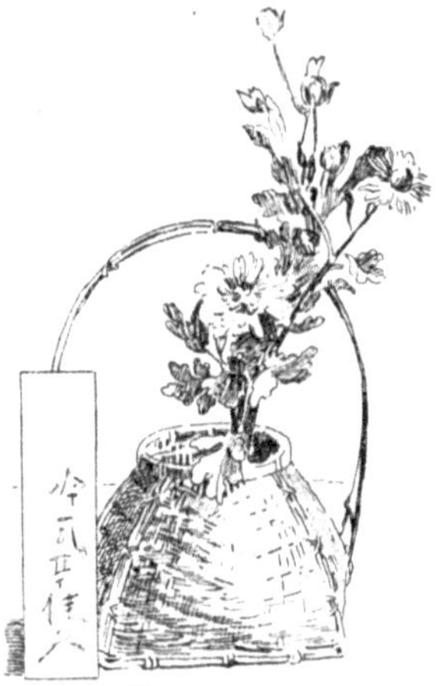

Fig. 886.

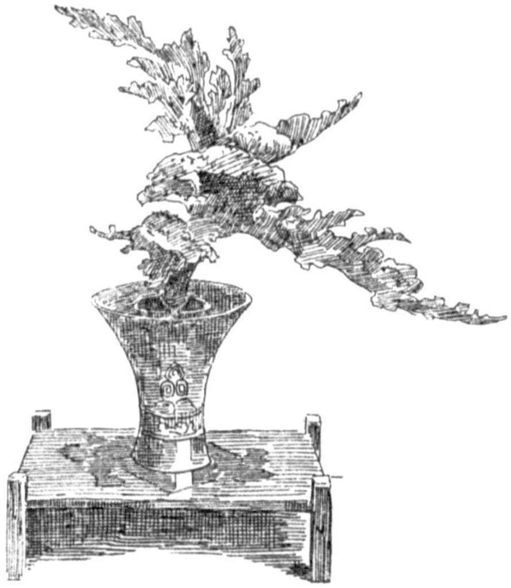

Fig. 887.

mit einem Zweck nichts zu tun hat und einer reichen Anwendung schmückender Formen scheinbar nichts im Wege steht, einen gewissen Gradmesser: unser ästhetisches Gefühl.

Ein Übermaß der Formen steht uns im allgemeinen dort im Wege, wo ein geistiges Konzentrieren nötig ist: Arbeitsräume verlangen geradezu eine schlichtere Ausstattung. Aus demselben Grunde ist eine Zurückhaltung des schmückenden Beiwerks dort geboten, wo ein kostbarer Gegenstand (z. B. ein wertvolles Bild, eine Plastik) die Betrachtung auf sich konzentrieren soll.

Das richtige Maß in der Umgebung und Umrahmung einer Form zu treffen, die als Hauptsache gelten soll, ist durchaus keine leichte Aufgabe.

Sie erfordert ein taktvolles Zurückhalten, einen ausgebildeten Geschmack und stellt ihre Anforderungen, beispielsweise beim Anordnen von Bildwerken, bei Wohnungseinrichtungen, beim Kleiderschmuck usw., im täglichen Leben auf Schritt und Tritt.

Einen Blumenstrauß geschmackvoll zusammenzustellen, setzt künstlerische Veranlagung voraus, noch viel mehr, eine passende Vase für ihn zu finden, so daß Form und Farbe ein geschlossenes Ganzes bilden.

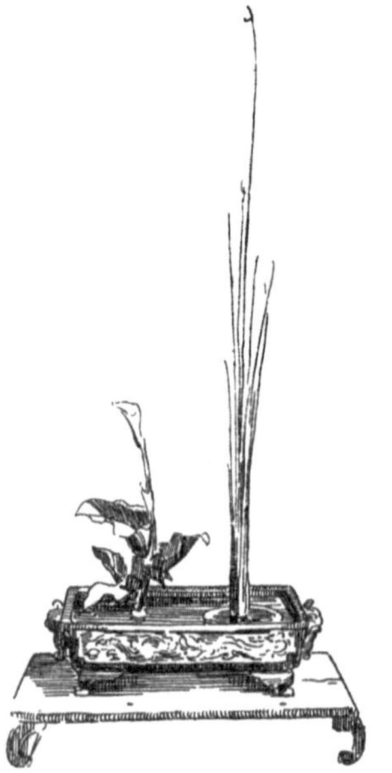
Fig. 888.

Vergleiche verschiedene, dem jeweiligen Pflanzencharakter angepaßte Gefäßbildungen der Japaner (Fig. 886, 887, 888).

Daß es beim Kleid nicht so sehr auf seine Schönheit an sich ankommt, als in noch größerem Maße auf seine für die Trägerin angepaßte Eigenart und auf die geschlossene Wirkung des Ganzen, klingt selbstverständlich, ist aber, wie die Gegenbeweise täglich bezeugen, durchaus nicht so einfach.

Indem ich den Vergleich von Bild und Rahmen anführe: schließlich sind es ästhetische Gründe, die im ornamentalen Schmuckwerk eine Bevorzugung der abstrakten Formen den naturalistischen gegenüber empfehlen.

Es entsteht leicht ein unbehagliches Gefühl, wenn organische Naturformen für die Anpassung an den Raum oder für eine struktive Betätigung einem unnatürlichen Zwang unterworfen scheinen, und es empfiehlt sich schon aus diesem Grunde eine vorsichtige Anwendung der wenig stilisierten, naturalistischen Form.

Und abgesehen davon, daß sie durch ihre rhythmische Wiederholung langweilig und ermüdend wirken kann, erweckt sie auch, wo unsere ganze Umgebung Naturformen in lebendiger unübertrefflicher Schönheit zeigt, nur zu leicht den Eindruck des „Alltäglichen".

Abstrakte Formen dagegen, als eigentliche geistige Neuschöpfung, lassen keinen störenden Vergleich aufkommen mit Naturformen, sie trennen im ästhetisch reinen Sinne das Bild vom Rahmen, Natur und Kunst.

XIII

Das Ornamentzeichnen in der Frauenarbeitsschule

Von

Amalie von Saint-George
und
Marianne Fürst

Soll eine Zeichnung geeignet sein, als Vorlage für eine Stickerei zu dienen, so muß vor allem derjenige, welcher die Zeichnung auszuführen hat, über den Charakter der betreffenden Stickerei genau unterrichtet sein.

Nun ist aber die Wahl der in Betracht kommenden Technik einerseits von der Beschaffenheit des zu bearbeitenden Grundstoffes abhängig, der entweder aus einem zählbaren Gewebe, wie Stramin, Kongreß, Leinwand und dergleichen, oder aus dichten Stoffen bestehen kann, andererseits von dem Gegenstand, den die Stickerei zu schmücken hat. Deswegen erscheint es wünschenswert, daß Zeichner und Stickerin sich vor dem Entwerfen der Zeichnung miteinander darüber verständigen. Da jedoch ein solches Einvernehmen nicht immer möglich ist, so sollen im nachstehenden die für jede Art von Stickerei geltenden allgemeinen Regeln aufgeführt werden, auf Grund deren es dem Zeichner möglich ist, den Eigentümlichkeiten der verschiedenen Techniken Rechnung zu tragen. Bei Zeichnungen für Nadelarbeiten werden entweder geometrische oder natürliche Ornamente zur Anwendung kommen.

I. Das geometrische Ornament.

Das geometrische Ornament wird meist auf einem Gewebe angewendet, dessen Fäden leicht zu zählen sind, wie Stramin, Kongreßstoff, Hausleinen usw., nicht selten jedoch auch auf anderen Stoffen, wie Samt, Seide oder Plüsch, und zwar in Gold-, Seiden- oder Litzenstickerei.

Beim Entwerfen von geometrischen oder auf geometrischen Grundsätzen beruhenden Zeichnungen bedient man sich eines quadrierten Papiers oder doch des Zirkels und des Winkelmaßes, um die Formen rein und regelmäßig herzustellen.

Bei Kompositionen ist das Schwierigste stets zuerst zu entwerfen, z. B. bei einem rechteckig gegebenen Raum, an dessen Rand eine Bordüre gedacht ist, entwirft man zunächst die Ecke, in welche zuerst die Diagonale gemacht wird. Man zeichnet nun die eine Hälfte mit weichem Stift oder mit Kohle und bedient sich hierbei, wenn die Ecke symmetrisch werden soll, eines Spiegels, den man von Zeit zu Zeit an die Diagonale hält, damit auch die zweite Seite gesehen und beurteilt werden kann, ob sich beide Teile zu einem schönen Ganzen vereinen. Sodann wird bis zur Mitte der größeren Seite des Raumes weitergezeichnet und auch hier wieder der Spiegel angelegt, bevor das Ganze vollständig ausgearbeitet wird; ebenso verfährt man mit der schmalen Seite.

Soll die Zeichnung für eine Stickerei in Farben ausgeführt werden, so ist schon bei der Komposition darauf Rücksicht zu nehmen, daß die Farben richtig angewendet und gleichmäßig verteilt werden, ferner daß keine Farbe die andere schlage. Mag nun die Komposition noch so farbenprächtig sein, so darf doch nie eine Dissonanz entstehen; ferner sollen für Stickereien bestimmte Zeichnungen ruhig gehalten sein.

II. Das natürliche Ornament.

Das natürliche Ornament entnimmt seine Motive dem Gebiete der organischen Welt, dem Menschen, dem Tier- und dem Pflanzenreich. Dasselbe steht scheinbar im Gegensatz zum geometrischen Ornament, ist aber in Wahrheit nicht davon zu trennen, denn bei aller scheinbaren Willkür und Unregelmäßigkeit der organischen Gebilde läßt sich doch bei genauerem Studium eine strenge Gesetzmäßigkeit auch hier gewahren.

Das organische Ornament wird entweder naturalistisch oder stilisiert gezeichnet; letzteres ist meist vorzuziehen, da mit dem der Stickerin zu Gebote stehenden Material eine naturgetreue Wiedergabe selten möglich ist. Der Kunststickerei sind demnach in dieser Beziehung gewisse Grenzen gezogen.

Will man eine stilisierte organische Verzierung für eine Stickerei entwerfen und wählt zu diesem Zwecke eine hierzu geeignete Pflanze, z. B. die Gartenprimel, so skizziert man zunächst Blätter, Blüten und Knospen derselben von verschiedenen Seiten nach der Natur, namentlich in der Draufsicht und im Profil. Sodann sucht man diese Naturaufnahme für eine gegebene Technik und gegebenes Material umzugestalten und entwirft dementsprechende neue Skizzen, die stets mit den Naturaufnahmen genau zu vergleichen sind, damit krasse Abweichungen von der Natur vermieden werden. Schließlich geht man zur Einzeichnung in den gegebenen Raum über (Quadrat, Kreis, Bordüre), welcher vorerst nach gewissen Gesichtspunkten gegliedert werden muß, in Mittelpunkt, Senkrechte, Wagrechte, Diagonalen, Durchmesser, Mittellinien usf. In der Zeichnung selbst werden die größten Formen symmetrisch angeordnet und mit allerhand charakteristischen Linien, nicht mit Doppellinien, und Verschlingungen verbunden, die gewissermaßen die Stiele der Pflanzen bilden.

Im nachstehenden führen wir diejenigen Nadelarbeiten auf, welche als die wichtigsten für unsere Zwecke zu betrachten sind:

I. Stickereien, bei denen vorwiegend das geometrische Ornament angewendet wird, die jedoch auch das streng stilisierte organische Ornament zulassen:
 a) Holbeintechnik,
 b) Litzenverschnürungen,
 c) Kreuzstich,
 d) Goldstickerei,
 e) Applikation,
 f) Monogramme.

II. Stickereien, bei denen vorwiegend das organische Ornament stilisiert in Anwendung gebracht wird, bei welchen jedoch auch geometrische Formen zulässig sind:
 g) Tamburierarbeit,
 h) Arabische Technik,
 i) Knötchentechnik,
 k) Stielstich,
 l) Leinenstickerei,
 m) Weißstickerei.

III. Stickerei mit ausschließlich stilisiertem organischen Ornament:
 n) Gleichseitige Flachstickerei nach japanischer Art mit abgegrenzten Konturen der angewendeten Farbentöne.

IV. Stickereiarten, bei welchen das organische Ornament sowohl naturalistisch wie auch stilisiert gehalten sein kann:
 o) Nadelmalerei und Flachstickerei.

V. Spitzen mit geometrischem Ornament:
 p) Die Reticella.

VI. Spitzen mit stilisiertem organischen Ornament:
 q) Die Pointlace-Spitze,
 r) Die Venezianer Spitze (auf Leinwand gestickt),
 s) Die spanische Spitze (Broderie d'Espagne).

a) Holbeintechnik

(so genannt, weil auf einem Bilde des großen Malers Muster auf Kragen und Manschetten aus feiner Leinwand in derartiger Technik vorkommen).

Da die zu besprechende Stickereiart auf einem Gewebe mit leicht zu zählenden Fäden angewendet wird, so bedient man sich beim Entwurf der Zeichnung eines möglichst großquadrierten (etwa 5 Millimeter) Papiers, weil bei kleineren Quadraten klare, übersichtliche Muster nicht leicht herzustellen sind.

Die Zeichnung wird je nach der Art der beiden zur Anwendung kommenden Hauptgruppen der Technik entweder aus rechtwinkeligen, d. h. senkrechten und wagrechten Linien, oder aus solchen und aus Linien diagonaler Richtung zusammengesetzt.

Das Charakteristische der in Rede stehenden Stickereiart besteht darin, daß sie auf beiden Seiten gleich ist. Sie beruht auf dem einfachen System, daß jeder Stich, der Zeichnung folgend, einmal oben, einmal unten zu erscheinen hat; demzufolge hat die Zeichnung aus einer ununterbrochenen Linienführung zu bestehen, die nicht plötzlich abreißen oder zurückgehen darf. Bei einem begrenzten Muster muß jeder Faden zuletzt in sich selbst zurücklaufen, so daß weder Anfang noch Ende wahrzunehmen ist. Ferner müssen die Fäden sich gegenseitig überschneiden, damit sie ineinanderhängen und so ein geschlossenes Ganzes bilden. Dabei ist zu vermeiden, daß sich an einer Stelle mehr als zwei Fäden kreuzen, weil dies die Klarheit beeinträchtigen würde. Für die Anwendung der senkrechten und wagrechten Linie gaben uns die Griechen die besten Vorbilder in ihrem Mäander (Fig. 889).

Fig. 889.

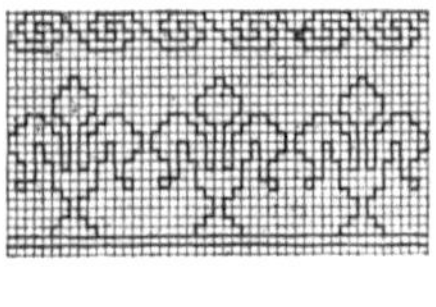

Fig. 890.

Figur 890 zeigt uns, daß aus der Zusammensetzung der senkrechten und wagrechten Linie auch ein organisches Ornament entstehen kann; selbstverständlich erscheint das dargestellte Lilienmotiv streng stilisiert.

Figur 891 veranschaulicht ein Muster aus Linien in senkrechter, wagrechter und diagonaler Richtung; die ausgefüllten Quadrate sind in Plattstich gedacht; eine Zusammenstellung von Holbeintechnik mit Plattstich läßt das Muster noch wirksamer erscheinen.

Eine andere Kombination zu reicherer Gestaltung der Holbeintechnik besteht in dem Anfügen von Ausläufern und Bäumchen an die

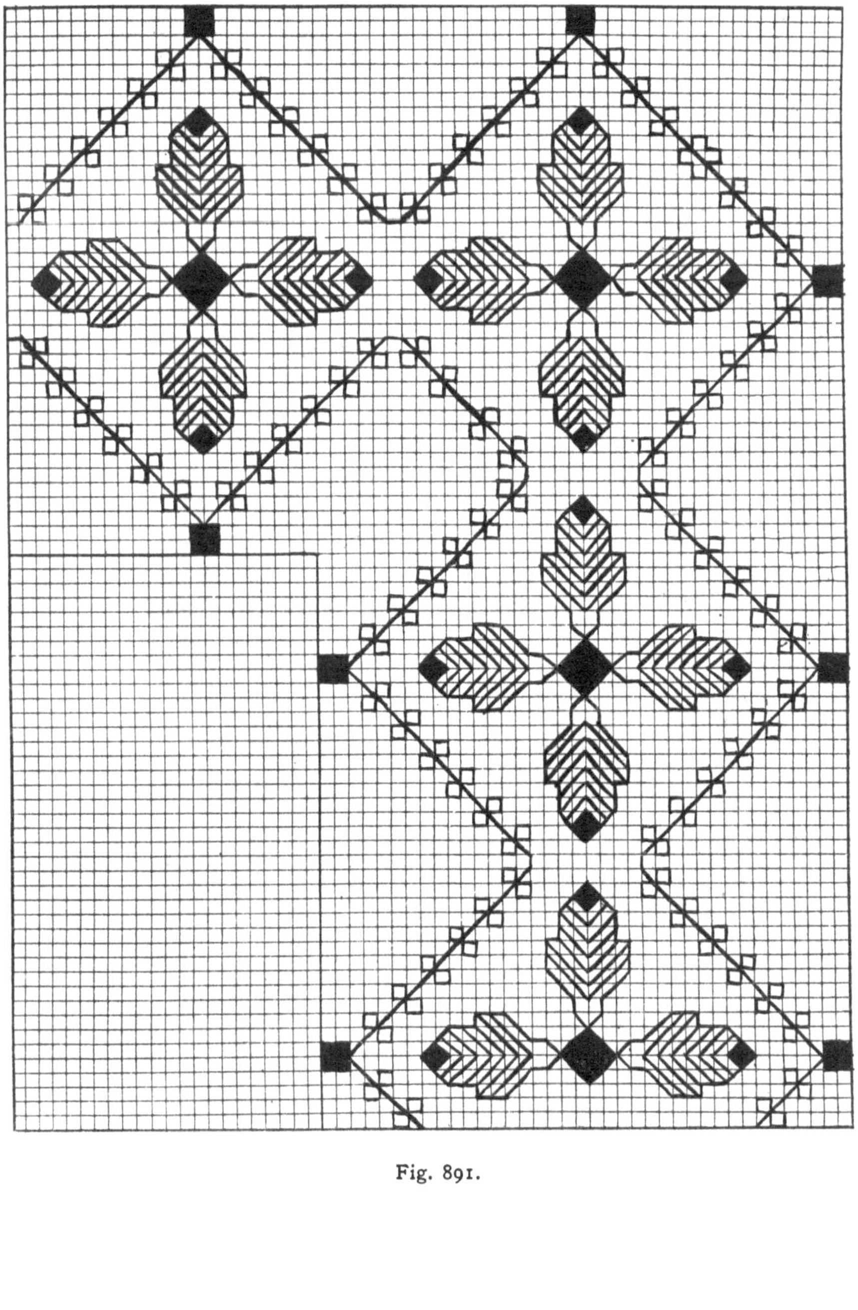

Fig. 891.

Grundlinien (vgl. Fig. 892). Dieses Beiwerk muß stets in ununterbrochenem Zusammenhang mit der Hauptlinie bleiben, da bei der Stickereiausführung mit demselben Arbeitsfaden die Ausläufer hergestellt werden, indem auch hier an dem Prinzipe des hin und zurück laufenden Fadensfestgehalten wird.

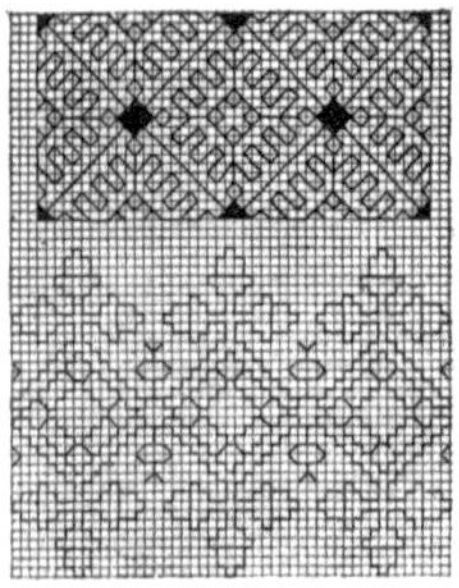

Fig. 892.

b) Die Litzenverschnürungen

erfordern wie die Holbeintechnik fortlaufende Linien, für welche geometrische, abgerundete Formen, die sich in leichten, graziösen Verschlingungen bewegen und möglichst dicht zu halten sind, am geeignetsten erscheinen. Hierbei ist auf gleichmäßige Raumverteilung zu sehen, auch sind scharfe Ecken möglichst zu vermeiden, da die Ausführung derselben nur mit weichem, schmiegsamem Material gut zu bewerkstelligen ist.

Charakteristisch für diese Arbeit sind die vielfachen phantastischen Verschlingungen in der Zeichnung, der Eigenschaft des Materials entsprechend, das sich während der Arbeit beständig rollt und ringelt. Die Formen müssen an und für sich leicht und graziös gehalten sein; man hüte sich, sie lang zu ziehen und zu zerdehnen. Auch dürfen sich nie mehr als zwei Linien in einem Punkte schneiden.

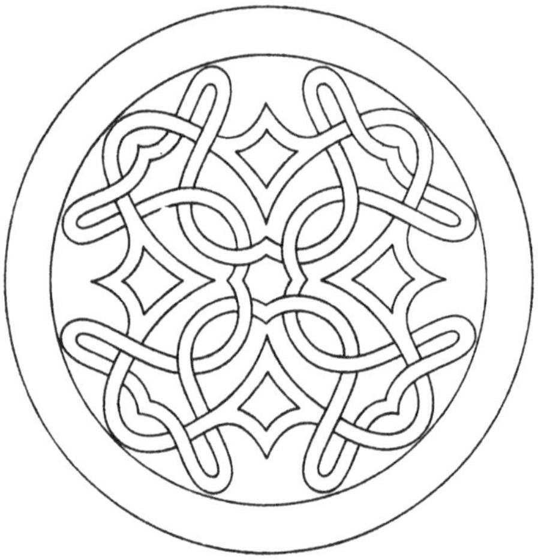

Fig. 893.

Fig. 893 zeigt eine nach den oben aufgestellten Prinzipien entworfene geometrische Form. Doch ist es nicht unbedingt nötig zu dieser Technik nur geometrische Formen zu wählen, indem auch organische Motive sich derselben leicht anpassen lassen, unter der Vosaussetzung freilich, daß sie streng stilisiert sind. Das Verfahren der Stilisierung einer Pflanze zu diesem Zwecke ist oben beschrieben. Das Pflanzenornament eignet sich insbesonders gut für Bordüren, wie die Fig. 894 und 895 veranschaulichen.

Die Zeichnung wird für Gold-, Seide- wie für Baumwollelitzen oder -schnüre gleich entworfen; nur ist Rücksicht zu nehmen auf die Größe des zu schmückenden Gegenstandes und damit naturgemäß auf die Feinheit des Materials.

Fig. 894.

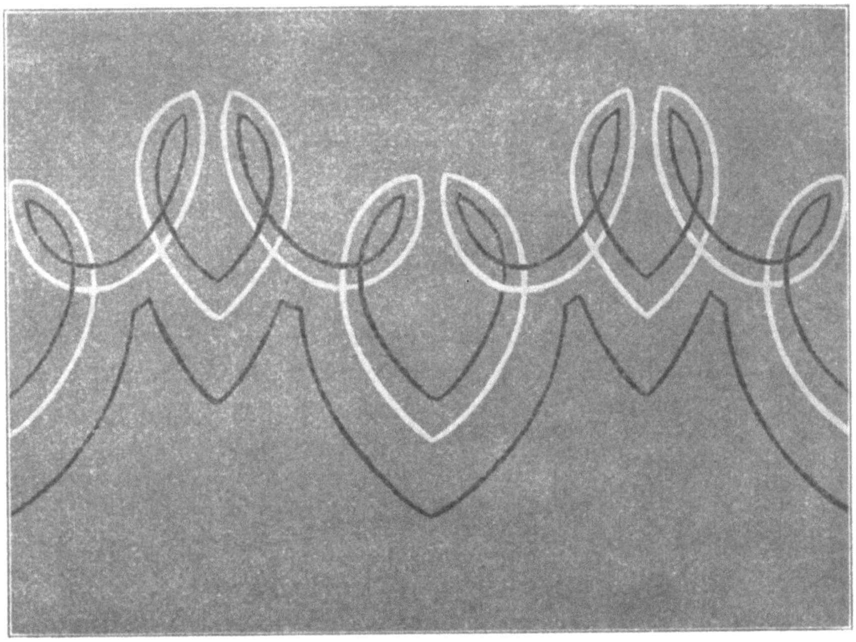

Fig. 895.

Soll eine Zeichnung für breite, bandartige Litzen entworfen werden, so muß sie aus zwei parallel laufenden Linien in der Breite des Bandes bestehen. Es empfiehlt sich, derartige Zeichnungen in kräftigen Linien mit Tusche auf hellem Papier auszuführen, oder man verwendet dunkles Tonpapier, schwarzen Karton usw. und führt sie mit Bronze oder einer hellen Farbe aus.

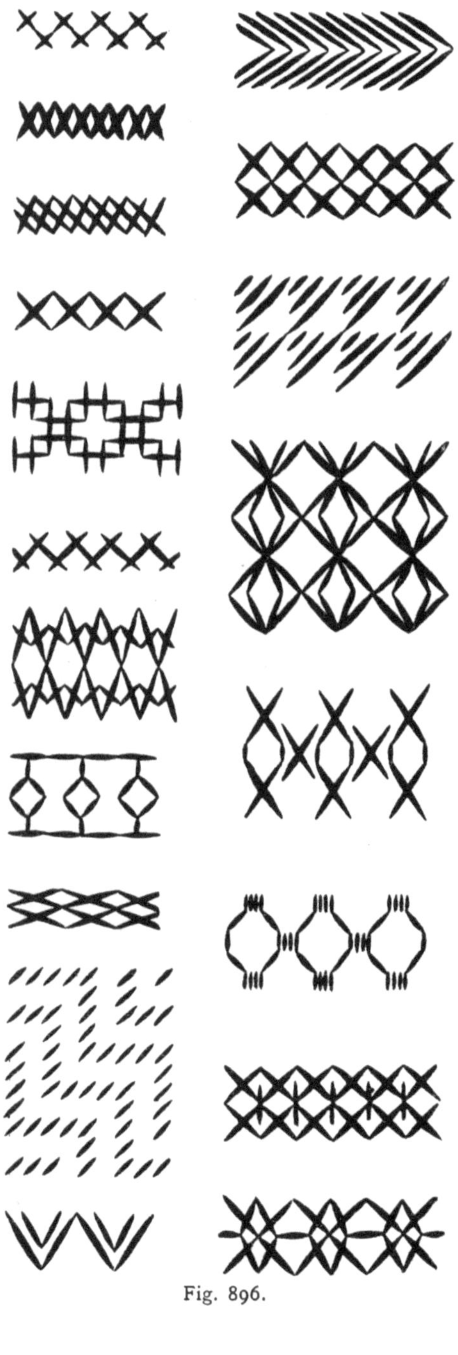

Fig. 896.

c) Der Kreuzstich

wird auf Stramin oder auf ein Gewebe mit leicht zählbaren Fäden gestickt.

Zum Entwurf dient wieder das Quadratnetz, dessen Größe sich nach dem zu verwendenden Stoffe richtet.

Die Größe der Formen wird derjenigen des Quadratnetzes entsprechend gezeichnet; nur hüte man sich, ein zu großes Netz anzuwenden, da die Zeichnung dadurch leicht plump und verzerrt erscheint. Die von der Linie durchschnittenen Quadrate werden ausgefüllt; schneidet eine Linie zwei nebeneinanderliegende Quadrate, die ihrer Lage nach eine Verdopplung erfordern, so füllt man von den beiden nur das zum größeren Teil durchschnittene Quadrat aus. Bei symmetrischen Formen zäht man die zweite Hälfte nach der ersten ab.

Im allgemeinen eignen sich geometrische Formen am besten für die zu besprechenden Techniken, welche man Abarten des Kreuzstiches nennen kann, weil alle auf derselben Grundlage beruhen (Fig. 896 Muster in neudeutscher Stickerei und Fig. 897 Muster auf Netzgrund). Wir erinnern an die prachtvollen orientalischen Teppiche, die sich alle auf das System des Quadratnetzes gründen

(Fig. 898); es lassen sich die reizendsten Formen aus dem Pflanzen- und Tierreich ins Quadratnetz zeichnen (Tafel XXXVII), und die Hausindustrie vieler Länder besitzt einen reichen Schatz von urwüchsigen

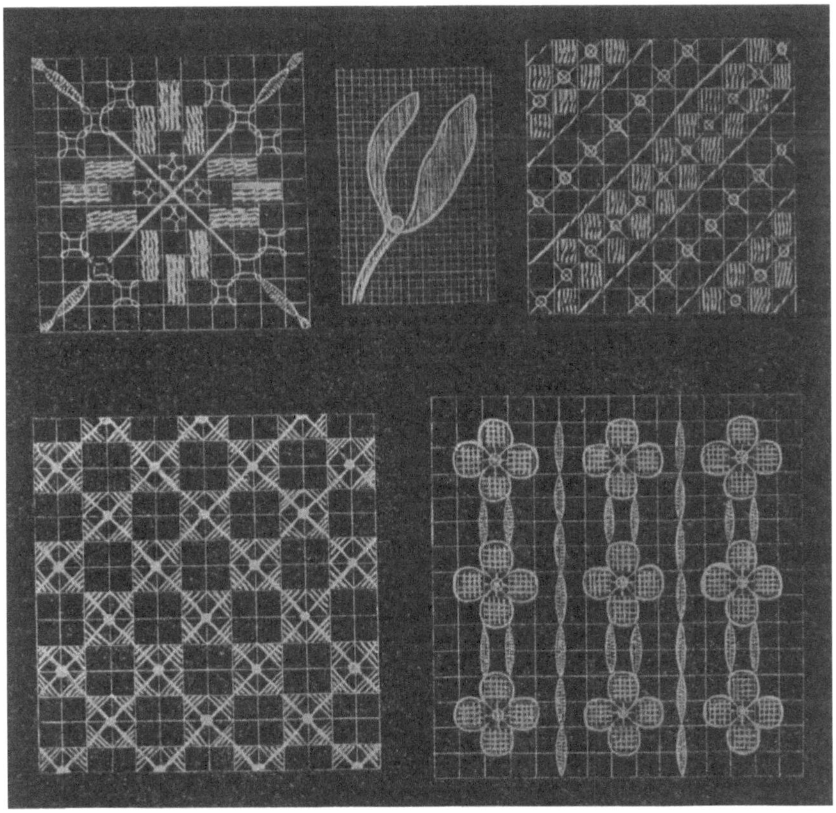

Fig. 897.

Mustern in Blumen und Tieren (Fig. 899 und 900), die man trotz ihrer streng ornamentalen Formen doch gleich, als der Natur entnommen, erkennen kann.

d) Die Goldstickerei.

Diese Stickereiart beansprucht mehr wie jede andere eine genaue Kenntnis der Eigentümlichkeiten der verschiedenen Techniken derselben, um gute, zweckentsprechende, leicht ausführbare Zeichnungen herzustellen. — Die Goldstickerei zerfällt in vier Hauptarten:

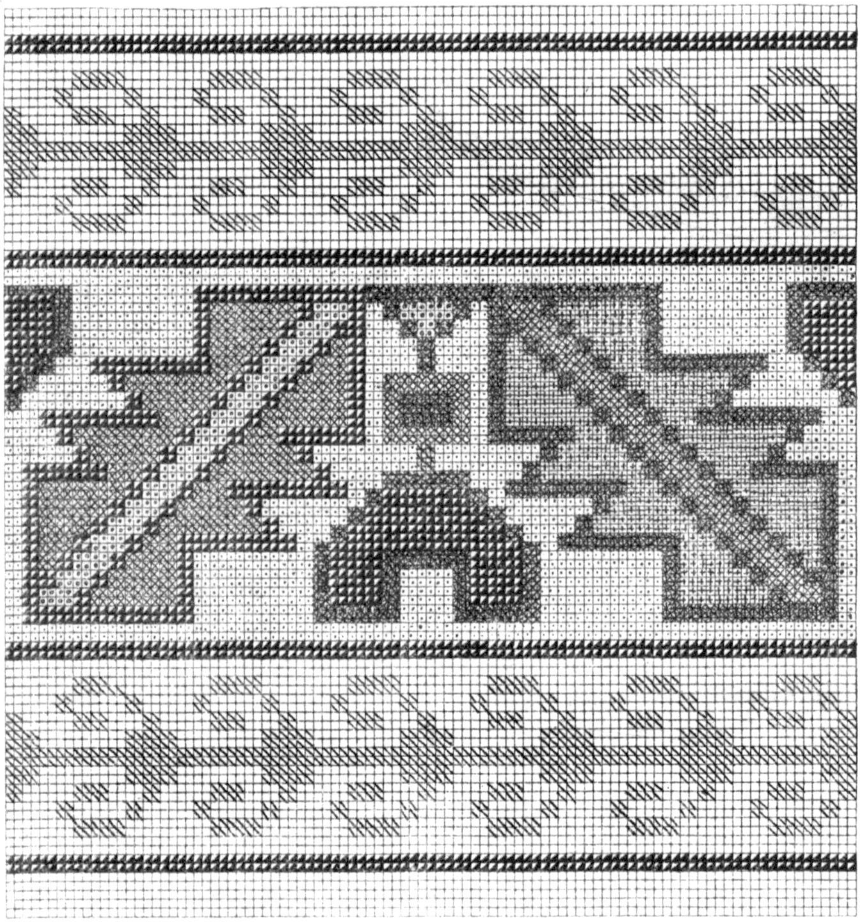

Creme Hellblau Dunkelbraun Braungelb Kupferrot Hellbraun Dunkelrot Mittelblau (:Türkis:) Dunkelblau (:Türkis:)

Fig. 898.

1. Die Bouillon- oder Kantillestickerei.

Diese teilt sich in zwei ganz verschiedene Stickereiarten. Bei der einen wird im allgemeinen über eine Unterlage aus dünnem Karton gearbeitet. Muster für diese Art Stickerei eignen sich vorzüglich zur Ausführung größerer Ornamente, da sich der Bouillon seiner Stärke und verhältnismäßigen Ungeschmeidigkeit wegen in dieser Form zu ganz feinen Arbeiten nicht verwenden läßt. Die Formen solcher Muster sollen einfach sein und keine zu breiten Flächen aufweisen; dabei hüte man sich vor allzu vielen Biegungen.

Da das Material ziemlich stark ist und über die Formen gelegt werden muß (letztere werden aus Karton

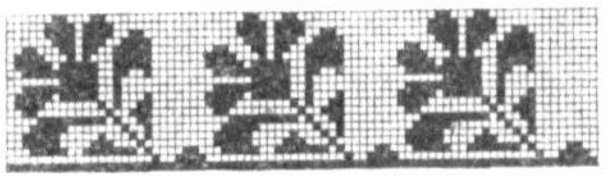

Fig. 899.

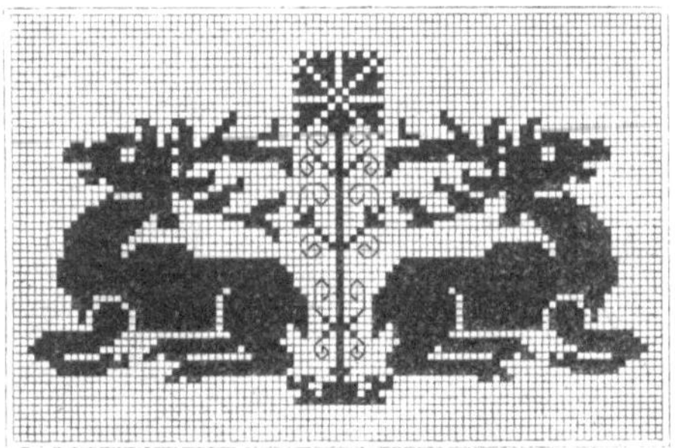

Fig. 900.

geschnitten oder mittels Stickerei hergestellt), so vergrößert dies die Form um einige Millimeter. Deshalb dürfen nie zwei Formen nahe beisammen stehen, sondern es muß stets ein entsprechender Zwischenraum für die Stärke des Bouillon gelassen werden (Fig. 901).

Fig. 901.

Die zweite Art dieser Technik bedarf keiner Unterlage. Es können damit die zartesten Formen ausgeführt werden; das Verfahren besteht im Aufsetzen von winzigen Stückchen Bouillon dicht nebeneinander zu einer glatten Fläche. Sie eignet sich besonders gut zu Verzierungen an Monogrammen, Kronen, zartem Blattwerk, Pikots und Ranken. Bei der Zeichnung solcher Bouillonstickereien halte man das richtige Größenverhältnis ein (Fig. 902).

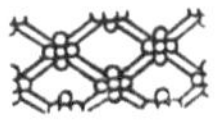

Fig. 902.

2. Die Sprengtechnik

findet vorzugsweise als dekorative, plastisch wirkende Stickerei Anwendung. Sie wird in der Regel über sehr starken Karton gearbeitet, der jedoch an den Rändern etwas abgerundet (modelliert) ist. Die

Fig. 903.

Formen dürfen reich gegliedert sein und müssen, wenn die Flächen sehr breit sind, Einschnitte erhalten, in welche man die Goldfäden einzieht, eventuell auch leichte Verzierungen aus Bouillon oder Flitter anbringen kann (Fig. 903 Muster für Sprengtechnik aus dem 18. Jahrhundert).

3. Die Stecharbeit,

eine der kostbarsten Goldstickereiarten, eignet sich besonders zur Ausführung von Buchstaben und Monogrammen. Staatsuniformen werden zumeist in dieser gediegenen Technik im Verein mit Bouillonstickerei hergestellt.

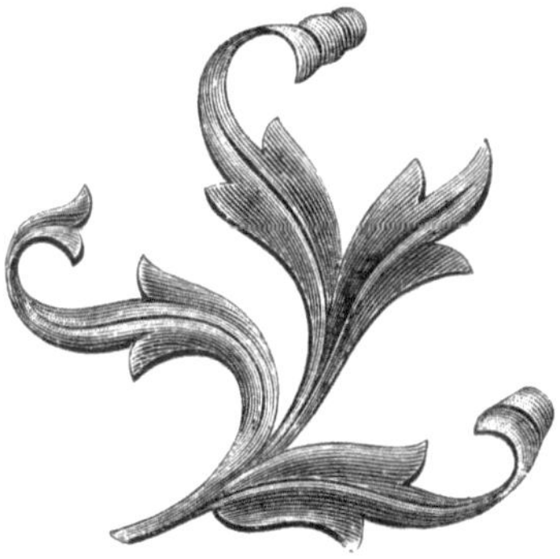

Fig. 904.

Die Formen werden über mittelstarken Karton oder Leder gestickt und können leicht geschwungen und reich gegliedert sein, ähnlich wie die Formen für Sprengtechnik; doch sind sehr breite Flächen auch hier zu vermeiden.

Figur 904 Zeichnung aus dem Mittelalter.

4. Das Anlegen (gelegte Goldfäden)

wird mit Recht als die edelste und kunstvollste Technik der Goldstickerei bezeichnet. Bei der Komposition für diese Stickereiart ist der Zeichner

Fig. 905.

nicht so eingeschränkt wie bei den oben erklärten Techniken, denn mit dem Anlegen lassen sich die graziösesten und zartesten Ornamente korrekt ausführen; die Flächen können schmal oder breit gezeichnet sein. Eine geschickte Stickerin wird durch die Wahl des Goldgespinstes, durch zierliche Muster, die sie mit dem Aufnähen der Goldfäden bildet, eine reiche ornamentale Wirkung erzielen, ja, es lassen sich auf glatte Goldflächen in dieser kunstvollen Weise Ornamente ausführen, die an eine schone Ziselierarbeit erinnern. Hier ist dem Zeichner freier Spielraum

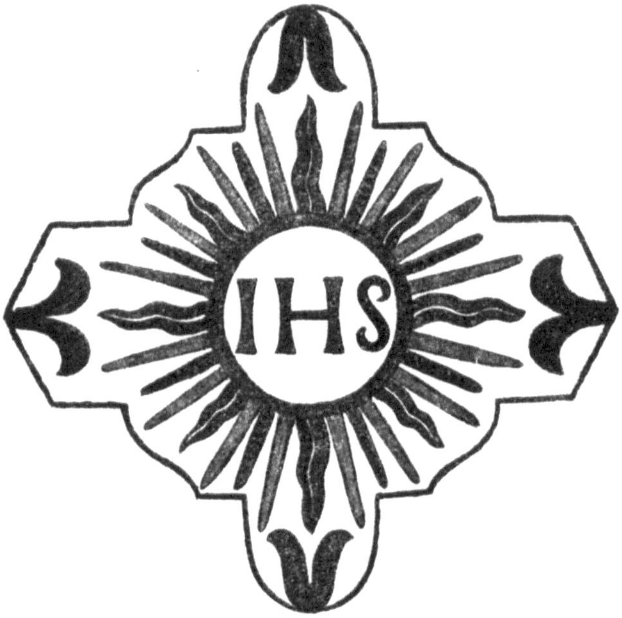

Fig. 906.

für seine Ideen gelassen; sogar mit Farben kann er wirken, da Gold, mit farbiger Seide gesponnen, eine emailartige Wirkung ergibt. Um eine größere Komposition prächtig zu gestalten und Eintönigkeit zu vermeiden, können auch mehrere der oben beschriebenen Techniken im Verein angewandt werden (Fig. 905 und 906).

e) Die Applikation.

Die Formen für diese dekorative Technik werden aus verschiedenen Stoffen, als Samt, Atlas, Tuch, Battist, Leinwand usw. ausgeschnitten, dann auf den Grundstoff genäht und mit Schnüren, Gnimpen oder Stickerei

K. Kimmich: Sammelmappe in Applikations-Stickerei.

umrandet. Das Innere der Formen wird, je nach der Art der Umrandung, entweder mit einigen charakteristischen Linien eingestickt (mit Seide, Gold oder Silber) oder mit Füllmuster aus diesem Material versehen.

Diese Stickereiart erfordert im allgemeinen große, kräftige Formen, welche nach Umständen in einer Farbe hergestellt werden können und dennoch durch Umrandung und Ausschmückung mit Goldschnüren und Stickerei sehr dekorativ wirken. Doch können die Ornamente auch in den verschiedensten Farben gehalten werden, die aber für diese kräftige Technik sehr sorgsam zusammengestellt sein müssen, wenn sie harmonisch wirken sollen. Werden viele Farben angewandt, so ist für die Stickerin eine Farbenskizze unumgänglich notwendig.

Wichtig ist, daß die Formen in ihren Konturen möglichst miteinander verbunden sind, damit bei eventueller Umrandung mit Schnüren diese nicht so oft abgeschnitten werden müssen (Tafel XXXXII Applikation im Renaissancestil).

f) Die Monogramme

erfordern ein äußerst pünktliches Arbeiten. Etwaiges Beiwerk muß sehr untergeordnet gehalten werden, damit das Monogramm deutlich hervortritt und gut leserlich wird. Daß die zusammengestellten Buchstaben der gleichen Schrift angehören, ist nicht notwendig; doch ist eine gewisse Übereinstimmung des Stiles erforderlich.

Über die Verbindung einzelner Buchstaben läßt sich keine Regel aufstellen. Wir können sie entweder nur durch Linienverschlingungen herstellen oder die Buchstaben ineinander hängen, den einen schlitzen, den anderen hindurchschieben usw.

Um die Deutlichkeit zu fördern, führt man die Buchstaben in verschiedenen Stickereitechniken, eventuell Farben aus, was man schon auf der Zeichnung angibt, indem man den einen mit wagrechten Linien ausfüllt, den anderen tüpfelt usw.

Bei der Ausführung in Weißstickerei würden z. B. die wagrechten Linien Hochstickerei, das Getüpfelte jedoch Sandstich bedeuten; in Goldstickerei wäre der Kontrast durch die Wahl verschiedenartigen Materials zu bewerkstelligen. Beim Entwerfen großer Monogramme für Goldstickerei versieht man breitere Formen mit Ausschnitten, die entweder in der Mitte der Längsteile angebracht werden oder auch seitwärts, eventuell unten, in Rundungen auszuschneiden sind. Die in der Mitte eines Buchstabens befindlichen Ausschnitte dienen zugleich als Verzierung. Entweder unterlegt man sie mit farbigem Samt oder füllt sie mit Silber- oder Goldkrausbouillon aus. Häufig wird mit dem Monogramm eine Krone verbunden. Dieselbe besteht aus dem Stirnreif und den Zacken, deren jede eine Perle trägt; die Zahl derselben richtet sich nach dem Range der Krone. Die Adelskrone hat 8 Perlen (5 sichtbar), die Freiherrnkrone 12 Perlen (7 sichtbar), die Grafenkrone 16 Perlen (9 sicht-

Fig. 907.

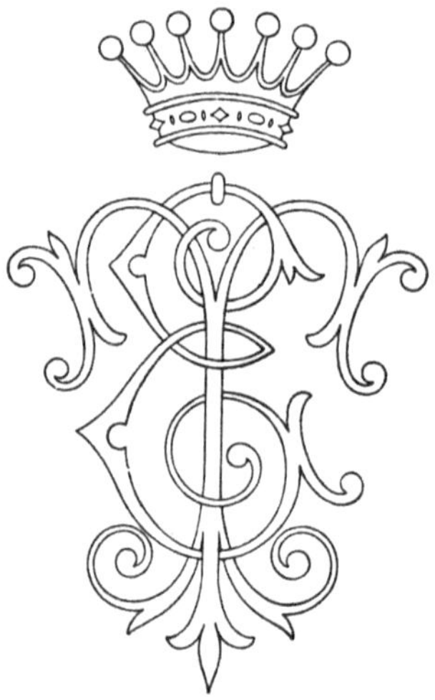

Fig. 908.

bar), die Rubine und Smaragde im Stirnreif sind in den betreffenden Farben zu markieren.

Zur weiteren Erklärung des oben Gesagten veranschaulicht Figur 907 ein Monogramm „L P" in zwei Farben, welches ebensowohl in Weißstickerei als in Goldstickerei (Anlegearbeit) ausgeführt werden kann. Bei letzterer würden die Ausschnitte, welche die technische Ausführung sehr erleichtern, in der oben beschriebenen Ausführung zu arbeiten sein; außerdem würde jeder Buchstabe ein von dem anderen abstechendes Material erfordern. Figu 908 stellt ein Monogramm „E T" mit einer Freiherrnkrone dar, welches sich besonders gut für Goldstickerei eignet, jedoch auch in Seidenstickerei ausgeführt werden kann. Als Goldstickerei wäre es für Sprengtechnik oder Bouillonstickerei am geeignetsten.

Kolibri 360 GmbH
Ferdinand-Jühlke-Straße 7
99095 Erfurt, Deutschland
produktsicherheit@kolibri360.de